UNE PAGE

DE

CLIMATOLOGIE INTERTROPICALE

LES CLIMATS ENTRE 8 ET 12 DEGRÉS DE LATITUDE NORD

Par le Dr Ad. NICOLAS
(de La Bourboule)

Rapport à la *Société de médecine de Paris*. 15-23 juillet 1887.

PARIS
BUREAU DES PUBLICATIONS DU *Journal de Médecine de Paris*
25, BOULEVARD HAUSSMANN

1887

UNE PAGE

DE

CLIMATOLOGIE INTERTROPICALE

LES CLIMATS ENTRE 8 ET 12 DEGRÉS DE LATITUDE NORD

Par le Dr Ad. NICOLAS
(de La Bourboule)

Rapport à la *Société de médecine de Paris.* 15-23 juillet 1887.

PARIS
BUREAU DES PUBLICATIONS DU *Journal de Médecine de Paris*
25, BOULEVARD HAUSSMANN

1887

UNE PAGE DE

CLIMATOLOGIE INTERTROPICALE

LES CLIMATS ENTRE 8 ET 12 DEGRÉS DE LATITUDE NORD

Par le Dr AD. NICOLAS

La *Statistique médicale de la Cochinchine française*, publiée à Saïgon en 1885, pour la période 1863-1870, et sur laquelle j'ai été chargé de faire ce *Rapport*, est un travail du plus grand intérêt. Il est dû, pour la plus grande partie, à M. d'Ormay qui a joui dans la marine d'un degré tout particulier de considération et qui avait acquis une grande expérience des maladies de cette contrée, où il a résidé longtemps.

D'autre part, en jetant les yeux sur un planisphère terrestre, on voit que le 8e et le 12e degré de latitude Nord, qui marquent les limites de la Cochinchine française, circonscrivent sur la carte une zone géographique intertropicale où les continents terrestres occupent une place relativement restreinte, où les recherches climatologiques peuvent se localiser dans des régions relativement connues qu'il est possible de rapprocher dans un parallèle instructif.

En Asie, c'est d'abord la Cochinchine française, avec une parcelle de la Birmanie méridionale, et l'Isthme étroit qui y relie la presqu'île de Malacca ; puis la présidence de Madras au Sud de l'Indoustan.

En Amérique, c'est l'Isthme colombien étranglé entre ses deux mers avec une portion de la Colombie septentrionale et du Vénézuéla dans l'Est, et les républiques de Nicaragua et de Costa-Rica dans l'Ouest.

En Afrique, c'est le Soudan, sur la frontière du Sahara, avec le massif abyssinien à l'Est, confinant au désert Nubique et à la mer Rouge; les sources du Nil et du Niger ; le bassin du lac Tchad et le Sud de la Sénégambie, le Fuda Djallon et Sierra-Léone.

En Océanie, les continents ne sont représentés que par quelques îles peu explorées des Philippines, au Nord de Mindanao; et par des archipels micronésiens également négligeables.

J'ai pensé qu'il y aurait quelque intérêt à élargir mon cadre, sans perdre de vue l'objet principal de ce *Rapport*; et ne pouvant songer, d'ailleurs, à analyser en détail le volumineux dossier qui m'était confié, je me suis borné à l'examen des causes qui déterminent ou qui modifient l'insalubrité tropicale dans la zone ainsi circonscrite.

I

Suivant qu'on envisage telle ou telle portion de la zone, on voit que l'insalubrité se règle, tantôt sur la chaleur, tantôt sur l'état hygrométrique de l'air, tantôt sur l'humidité du sol. On y rencontre les conditions de terrain les plus diverses, localisées et groupées de la manière la plus favorable pour la détermination de la part relative d'influence de chacun de ces facteurs climatériques.

En Cochinchine, c'est l'humidité à son summum ; mais l'humidité relativement fraîche. Le sol, exclusivement alluvial, est, à la fois, inondé et drainé par des cours d'eau puissants, dont les uns, nés des plateaux du Thibet, s'éparpillent en réseau dans la plaine qu'ils fertilisent; et dont les autres semblent surgir des profondeurs du sol, comme des pores d'une éponge, pour former, sur un parcours de 80 ou 100 kilomètres, des fleuves navigables, canalisant les rizières et sujets à des marées qui atteignent 3 mètres. « Dans la saison sèche, toutes les rivières sont sans eau, ainsi que les points qui ne sont atteints que par les grandes marées de l'équinoxe. On foule alors un sol dur et raboteux, qui s'échauffe et se fendille fortement sous les rayons du soleil de février et de mars, et qui devient mou et fangeux dès les premières pluies. Quand la saison pluvieuse est bien établie, c'est un cloaque infect, où les hommes disparaîtraient presque entièrement et qui n'est praticable que pour les énormes buffles qui s'y vautrent à plaisir et retournent avec délices cette vase noire et nauséabonde. Les communications ne peuvent se faire qu'au moyen d'embarcations ; car il ne reste en dehors des marais que quelques plateaux élevés d'une dizaine de mètres au-dessus des eaux ; et même les pluies forment, sur ces éminences, des flaques tellement étendues qu'à une certaine époque, on y retrouve encore le marais. » (D'Ormay.)

Des conditions analogues se rencontrent en Sénégambie, et surtout au cœur de l'Afrique, sur les confins du Sahara, dans cette province de Bahr-el-Ghazal, où Stanley s'en est allé au secours d'Emin-Bey. Les nombreux cours d'eau qui se rassemblent en éventail pour donner naissance au Nil Blanc, transforment, dans la saison des pluies, la contrée en une vaste éponge, où les explorateurs ont décrit tour à tour des rivières ou des lacs, suivant qu'ils y trouvaient l'eau rare ou abondante. Ce point est également l'un des plus insalubres du globe ; mais, géographiquement, il diffère de la Basse-Cochinchine en ce que celle-ci est balayée par les moussons, qui soufflent tour à tour du Pacifique ou de la mer des Indes ; et que ses cours d'eau trouvent un débouché facile dans la mer de Chine ou le Golfe de Siam, tandis que les rivières du Soudan Egyptien n'ont d'autre débouché que la vallée tortueuse du Haut-Nil.

L'Isthme de Panama nous présente aussi des conditions d'humidité excessive ; les cours d'eau n'y manquent pas : d'un côté le Chagres ; de l'autre, le Rio-Grande suffiraient largement à drainer le sol dans une mesure satisfaisante, malgré l'obstacle de la forêt vierge ; mais les vents de mer de l'Atlantique et du Pacifique viennent s'y heurter en sens inverse contre l'arête de la Cordillière, et y concentrent des brumes perpétuelles qui ralentissent l'évaporation et maintiennent l'état hygrométrique au voisinage du point de saturation pendant la plus grande partie de l'année.

Ces différences climatériques se traduisent par des différences de mortalité. Elle est de 4,5 pour 100 en Cochinchine ; de 7,7 en Sénégambie ; de 9,7 à Panama ; et quant à la vallée du Haut-Nil, ou, plus exactement, du Bahr-el-Gebel, l'histoire de ses explorations n'est qu'un martyrologe.

Au contraire, la même zone englobe des régions d'excessive sécheresse : la steppe vénézuélienne, les sables africains. Dans la première, la stérilité est intermittente ; dans les déserts sahariens, elle est perpétuelle.

Ici, c'est la chaleur excessive. Les régions les plus chaudes du globe, celles que circonscrit l'isotherme estival de 32 degrés sont, il est vrai, en dehors de notre observation : Massuah est située au delà du 15e parallèle ; mais l'isothère de 30 degrés englobe toute notre zone soudanienne, de la mer Rouge au lac Tchad. C'est le pays des moyennes annuelles de 30 degrés, des moyennes diurnes de 45 à 48° ; des écarts nycthéméraux de 23 degrés : de 3 degrés au-dessous de zéro à 20 degrés au-dessus. La moyenne annuelle de Kobe dans le Darfour est de 28.7 ; Kita dans le Haut-Sénégal atteint peut-être 29 degrés ; Kuka près du lac Tchad, à une altitude de 356 mètres, compte encore 26 degrés de moyenne annuelle, et, si la Basse Cochinchine avec sa moyenne annuelle de 28° se place encore au premier rang, à Colon la moyenne annuelle ne dépasse pas 26. En outre, il tombe annuellement en Cochinchine jusqu'à 3197 millimètres d'eau répartis entre 210 journées pluvieuses, tandis qu'au désert africain, il se passe souvent plusieurs hivers successifs sans pluies La Cochinchine est la contrée du globe où il tombe le plus d'eau.

Dans toute la zone, l'état électrique de l'air est très accusé et l'électricité correspondante des corps vivants se révèle parfois par des effets tangibles.

Au désert africain, au Sahara, comme au Kalahari, les poils de l'homme et des animaux se redressent et crépitent sous la brosse ou l'étrille, dans certaines journées de grande chaleur sèche ; et même pendant certaines nuits chaudes, où les étincelles deviennent visibles, dans ces décharges entre les poils voisins, dont les extrémités, lorsqu'ils sont au repos, apparaissent surmontées d'aigrettes ou de gerbes lumineuses.

Cette électricité est positive, comme celle des couches atmosphériques, qui se montrent, comme on sait, d'autant plus électrisées positivement que l'on s'éloigne davantage de la surface du sol.

L'état électrique ne se manifeste plus, lorsque le sol devient humide ou qu'il tombe la plus petite pluie. Au contraire, il reparaît dans les pluies d'orage, où la terre, qui est d'habitude à l'état neutre, paraît, de nouveau, chargée d'électricité positive.

Quels sont les effets sur les phénomènes de la vie de ces modifications de l'état électrique du sol et du corps vivant ? On l'ignore ; mais nulle part les conditions ne sont plus favorables aux recherches particulièrement délicates qui seront faites quelque jour en vue de les déterminer. C'est dans cette zone, en effet, que les tempêtes électriques ont le plus de violence. L'Abyssinie est le pays des orages, qui sont formidables également dans la steppe américaine drainée par l'Orénoque.

Ce que l'on sait, du moins, c'est que l'état électrique, au Sahara, coïncide avec une tonicité plutôt exaltée du système musculaire ; tandis que l'état orageux du ciel coïncide, pendant que l'orage se prépare, avec l'énervement, se traduisant, chez les névropathes, par tous les signes de l'irritabilité nerveuse, qui disparaissent lorsque la chute de la pluie annonce le rétablissement de l'équilibre dans les régions supérieures, et, sans doute, égalise la répartition de l'électricité entre l'atmosphère et le sol, en servant de conducteur de l'une à l'autre.

Quelle que soit la cause qui accumule l'électricité dans les nuées orageuses et qui fait varier le potentiel entre deux nuages voisins, il n'est pas difficile de concevoir que les ruptures d'équilibre dans l'air déterminent dans le corps humain une sorte d'inquiétude, résultant d'impressions inconscientes du système cutané, d'un désordre momentané de l'innervation, peut-être de troubles dans la circulation. Toujours est-il que ces phénomènes sont indépendants de la peur, comme on peut s'en assurer chez de jeunes enfants particulièrement impressionnables ; et chez qui cette inquiétude nerveuse peut se manifester, avant qu'ils aient la notion du tonnerre, alors seulement que l'orage se prépare.

Mais l'on n'a pas défini l'état électrique des couches aériennes, chargées de cette humidité *stagnante* de l'Isthme de Panama, véritable « pot aux noirs » continental ; et ce n'est que par induction que l'on peut attribuer à un état électrique particulier du corps l'énervement, qui s'y observe, comme dans les traversées du « pot aux noirs » de l'Atlantique, bien que cet énervement soit en tous points analogue à celui qui précède les orages et qui est dû, à n'en pas douter, à l'accumulation au voisinage du sol de quantités anormales d'électricité atmosphérique.

Sans nul doute, cet énervement joue un grand rôle dans l'imminence morbide particulière au climat ; il prépare le corps à la fièvre ; mais il ne suffirait pas à la produire ; la preuve : c'est qu'elle n'éclate pas dans les traversées du « pot aux noirs » atlantique ; et la grande quantité d'électricité dans l'atmosphère est moins insalubre que son inégale répartition, puisque nous voyons un état électrique exagéré coïncider, au Sahara, avec une tonicité plus grande de l'organisme.

Quand l'oasis surgit dans le désert, l'insalubrité apparaît avec elle et atteint bientôt son maximum. D'où lui sont venus les germes malariens qui ont dénaturé, dès l'origine, l'eau de la source, ou du puits artésien, qui lui a donné naissance, eau souvent thermale, presque toujours fortement minéralisée? Il n'est pas d'oasis où ne sévisse la fièvre des marais ; cependant, l'atmosphère saharienne qui stérilise le sol ne devrait-elle pas également stériliser, au passage, les miasmes que les vents auraient amenés d'ailleurs pour féconder ces marais fébrigènes? Et si l'on n'admet pas que des germes vivants aient pu traverser impunément cette atmosphère stérilisante pour parvenir à l'oasis, il faudra bien admettre que le paludisme, contagieux ou non, naît spontanément au contact de l'eau et du sol, ou que la malaria se développe sous d'autres influences.

Les conditions qui naissent de la sorte accidentellement dans les oasis du Sahara, sont généralisées dans la steppe américaine.

Le désert est représenté, au Vénézuéla, par la Savane, une forme du désert en Afrique et en Amérique, bordée par l'Orénoque, sur les confins de la zone, et drainée par ses affluents qui lui enlèvent, dans la saison sèche, le peu d'eau qu'elle gardait pour humecter le sol pulvérulent et crevassé et rafraîchir la légion des graminées géantes, alors littéralement réduites en cendres. Là aussi, l'air est chargé d'électricité et l'alizé y concentre des vapeurs dont le déplacement, pendant la période nycthémérale, à la faveur d'écarts nycthéméraux considérables, en dérange incessamment l'équilibre, déterminant dans l'organisme des troubles correspondants ; outre que le repos de la nuit, si agréable, sous la tente, au Sahara, y est rendu précaire par les piqûres affolantes des moustiques de tous les genres qui s'y sont donné rendez-vous, et la crainte des reptiles, des vampires ou des fauves.

Il est vrai qu'à l'extrême sécheresse succédera bientôt l'extrême humidité ; mais, si elle est bienfaisante pour la nature entière, elle n'est pas moins insalubre ; et l'homme alternativement menacé par la famine, l'incendie et l'inondation brutale, ne s'est jamais fixé dans ces prairies perfides. A son altitude de 674 mètres, Caracas, capitale du Vénézuéla, serait un sanatorium naturel au voisinage des steppes désertiques ; mais, au pied de la chaîne côtière où elle est située, le littoral est éminemment paludéen, souvent visité par la fièvre jaune ; et, plus loin, la lagune de Maracaybo est enclavée dans une contrée basse éminemment paludéenne.

La lagune, dans cette zone surtout, porte partout l'insalubrité à son maximum, en ce que, dit-on, l'eau de la mer s'y mélange à l'eau douce ; et, sans doute, en ce que le retrait de la marée, qui y est toujours plus ou moins sensible, y met à découvert, deux fois le jour, le sol limoneux. C'est, en tout cas, le pays d'élection de la fièvre jaune qui, si elle ne s'y développe pas spontanément, y a, du moins, élu domicile, pour se propager, de ce foyer, sur toutes les côtes du golfe du Mexique et de la mer des Antilles, d'où elle a passé en Afrique, si tant est qu'elle y ait été importée.

La Colombie, plus encore que la Sénégambie est le pays des marigots ; le Rio-Magdalena n'y draine qu'imparfaitement le sol : et les lacs d'eau plus ou moins stagnante y sont très nombreux. Il n'est pas douteux que ce voisinage contribue pour une grande part à l'insalubrité proverbiale de l'Isthme américain, où elle ne se révèle davantage que parce qu'il est plus fréquenté. Au reste, je me suis laissé dire que Guyaquil, port de la république de l'Équateur, par 3 degrés de latitude sud, n'est pas moins insalubre : et les ports de la côte occidentale du Mexique sont d'une insalubrité notoire. J'ai dit ailleurs ce qui caractérise le climat particulier de l'Isthme.

Deux grands lacs de l'Afrique centrale appartiennent à la même zone. L'un est le lac Tchad, aux confins du Sahara : l'autre est le lac Tsana, au sommet du massif abyssinien, par 1859 mètres d'altitude.

Le premier déverse directement son trop plein dans les sables du désert saharien où débouchent des fleuves singuliers dont le lit est à sec pendant une grande partie de l'année et qui ont leurs analogues dans d'autres cours d'eau descendus des plateaux d'Abyssinie et dont quelques-uns sont des affluents inconstants du Nil Bleu.

Le rôle de l'eau est le même ici que dans toute la zone, et les bords de ces fleuves sont aussi insalubres que les plus pernicieux marécages.

L'Abyssinie, où les températures comme les altitudes varient brusquement d'une localité à l'autre, n'est insalubre que dans les basses régions ; on s'y met aisément à l'abri du paludisme en gravissant les hauteurs, où les cours d'eau nombreux à pente rapide drainent énergiquement le sol généralement rocheux.

Les mêmes conditions de salubrité relative devraient se retrouver sur le massif montagneux du centre Amérique où l'arête de la Cordillière dépasse, en de certains points, 11,000 mètres ; on y trouve, en effet, des localités très salubres, telles que les villes groupées autour de la capitale du Costa-Rica, sur un plateau de 1,500 mètres d'altitude moyenne.

Toutefois, les conditions climatologiques sont bien différentes de celles de l'Abyssinie, située dans la même zone, mais enclavée dans le désert, que la mer Rouge n'interrompt que dans un espace restreint, tandis que l'Isthme américain n'est qu'une étroite langue de terre enclavée entre les deux mers, dont la climatologie est un peu différente, en ce que le Pacifique, dans l'Ouest, est illimité, tandis que la mer des Caraïbes, dans l'Est, est séparée de l'Atlantique par la chaîne des Antilles, dont l'influence sur le régime des vents et des marées est très appréciable ; car c'est vraisemblablement à la présence de cette barrière qu'est due la différence des marées à Colon, où le retrait de la mer est nul et à Panama où les différences de niveau entre la haute et la basse mer peuvent dépasser 6 mètres.

Au reste, malgré leur proximité, le Nicaragua et le Costa-Rica sont assez dissemblables, au point de vue hygiénique autant qu'au point de vue orographique. La Cordillière est interrompue sur leurs limites ; et, tandis que l'arête centrale du Nicaragua se rattache au système du Honduras et du Salvador, l'arête centrale du Costa-Rica se rattache au système de l'Isthme de Panama, par des altitudes décroissantes, qui atteignent cependant en de certains points 6,300 et 9,200 mètres.

Si l'Abyssinie est le pays des orages, le centre Amérique est le pays des volcans. D'ailleurs, dans une contrée aussi inégale, où le vaste lac de Nicaragua, à l'altitude de 131 mètres et les marais salés qui en dépendent mélangent leurs vapeurs à celles des deux océans, par des températures qui varient considérablement pendant la période nycthémérale, sinon dans la plaine côtière, au moins sur les hauteurs, on conçoit que les orages ne sont pas rares et sévissent encore avec toute la violence tropicale.

Il n'est pas d'usage de faire entrer les éruptions volcaniques et les tremblements de terre comme éléments dans l'appréciation de l'insalubrité des localités du globe. Cependant, au point de vue des conditions d'habitabilité, la présence sur un espace aussi peu étendu de dix volcans en activité et vingt-cinq endormis, dont les tremblements de terre sans éruption dénoncent à chaque instant la vitalité souterraine, n'est pas indifférente ; et nous devons nous féliciter que ces phénomènes qui bouleversent les villes, se raréfient au voisinage de notre canal. Au reste, la perspective de ces catastrophes périodiques n'a jamais déconcerté l'homme, d'autant plus actif et industrieux que sa vie est plus accidentée : il bâtit en bois après un tremblement de terre, en pierre après un incendie, sans se préoccuper autrement des périls que court sa santé par le fait de ces troubles accidentels. Au contraire, il a partout capitulé devant le paludisme, bien que les ports de ce littoral n'aient jamais manqué de colons européens et que le chemin de fer de Colon à Panama soit l'un des plus rémunérateurs du globe.

A ce point de vue, les terres basses du Nicaragua et le littoral Pacifique du Costa-Rica sont très insalubres. Il pleut au Nicaragua plus qu'en aucune autre région du littoral Pacifique, mais le plateau du Costa-Rica, malgré ses écarts thermiques, contraste avantageusement avec les forêts qui l'entourent, autant par son climat que par ses cultures. Il est fâcheux que son altitude en fasse un lieu de repos plutôt qu'un lieu de convalescence ; l'atmosphère des hauts plateaux de cette zone n'est pas suffisamment restauratrice, si je puis dire ; les paludéens y trouvent un répit ; mais l'anémie paludéenne ne s'y répare pas. C'est ainsi, du moins, que j'ai compris l'utilisation du Costa-Rica en tant que sanatorium ; malgré l'imminence de la fièvre jaune, qu'il ne faut pas exagérer, Caracas vaudrait mieux à cet égard.

On se demande souvent quelle pourra être l'influence sur le climat de l'Isthme de la tranchée de 100 mètres de largeur moyenne environ, qu'occupera le Canal à travers la Cordillière. Il serait ridicule d'essayer de le prévoir. Toutefois la salubrité dans cette zone étant partout, comme nous l'avons vu, en raison du drainage, un cours d'eau, à zéro mètre environ de niveau constant et 9 mètres de profondeur, ne peut manquer d'exercer un appel énergique sur la nappe d'eau du voisinage, étant donné que cet appel des eaux d'infiltrations, exercé dans le sens perpendiculaire à leur direction, est la règle pour tous les cours d'eau du globe.

D'autre part, étant donné que les escarpements latéraux auront partout une certaine élévation et une forte pente, l'établissement sera d'autant plus salubre que l'on se rapprochera davantage de la ligne d'eau ; et les ports intérieurs du Canal, n'ayant pas à craindre l'influence de changements de niveau prononcés sur les berges, bénéficieront en outre de la ventilation que provoquera l'eau courante, quelle que soit la vitesse du courant. Le séjour dans les villes ou villages riverains sera donc plus salubre que ne l'est actuellement le séjour dans les campements des hauteurs, où le stationnement des brouillards maremmatiques immobilisés par le conflit des vents de chacun des deux océans, compense souvent le bénéfice de l'altitude.

Quant à ces brouillards eux-mêmes, étant donnée l'étroitesse de l'Isthme, ils ne diminueront sans doute pas ; mais si leur nocivité résulte surtout des effluves marécageuses qui s'y mélangent et qui émanent des marais du voisinage, le drainage ainsi provoqué de ces marais ne peut que les assainir.

II

La mauvaise saison, dans presque toute la zone, est la saison pluvieuse, qui va de mai à décembre, et correspond à notre été et à notre automne, déterminés, comme on sait, par le retour du soleil dans notre hémisphère. C'est le cas pour la Cochinchine, où le paludisme est à son maximum pendant la saison des pluies ; et, cependant, les mauvaises années en Cochinchine sont les années de sécheresse. La mortalité annuelle y est d'autant plus grande que l'année a été plus sèche : d'autant moindre qu'elle a été plus humide ; et, dans les années humides, elle est moindre si la chaleur est moindre et réciproquement ; mais la chaleur humide y est toujours moins redoutée que la chaleur sèche.

C'est un résultat inattendu sous ces latitudes : en 1870, année remarquable par une humidité exceptionnelle, la mortalité n'a pas dépassé 4 pour 100, alors qu'en 1864, remarquable par une sécheresse telle qu'on n'en avait pas vu de pareille depuis 40 ans, et en 1863 également très sèche, elle avait été de 5.4 pour la première et de

6.3 pour la seconde. En 1865, chaude et humide, elle s'abaisse à 4.8; en 1866, plus humide et moins chaude, elle tombe à 4.4 pour remonter à 6.1 pour 1000 en 1867 très chaude et très sèche.

C'est que la constitution médicale se règle sur les conditions météorologiques suivant que ces trois éléments : chaleur, brise, humidité s'associent, se contrarient ou se neutralisent. Quelle que soit la constance du climat tropical, à mesure que l'on se rapproche de l'équateur, il ne faut pas s'en exagérer la régularité saisonnière. Les pluies apparaissent quelquefois plus tôt et persistent au delà du terme habituel, les courbes de mortalité s'élevant en conséquence, sans que l'on puisse donner de ces changements une explication péremptoire. Chacun des mois de la période avril-décembre peut donner à son tour le maximum de mortalité; sur un tracé annexé aux rapports de d'Ormay et comprenant la période 1876-1880, le sommet des courbes maxima porte tour à tour sur avril, mai, juin, juillet, octobre, suivant l'année ; et si l'on parcourt les différentes localités de la zone, on voit qu'août et septembre, pendant lesquels la mortalité décroît en Cochinchine, sont les mois de forte mortalité au Sénégal.

A Pondichéry, la saison de la plus forte mortalité est l'hiver et le mois de février est le mauvais mois, tandis que le mois d'avril est celui où la mortalité est la plus faible. A Bombay le bon mois est octobre, le mauvais avril ; à Calcutta, le printemps et l'hiver sont aussi les saisons les plus insalubres; et les Hindous se comportent vis-à-vis cette statistique comme les Européens.

En Birmanie anglaise, l'automne et l'hiver sont les saisons les plus insalubres.

Dans l'Isthme américain, les maxima de mortalité relative tombent en août, septembre, octobre, novembre, décembre, d'après les quelques documents que j'ai pu recueillir.

Peut-être retrouverait-on, dans les marigots de la Sénégambie, s'ils étaient mieux peuplés, cette statistique en apparence paradoxale de la Cochinchine, d'où il résulte que les années sèches sont les années où la mortalité est la plus forte, bien que les mauvais mois soient toujours les mois pluvieux. En tout cas, elle s'explique en Cochinchine, d'abord en ce que la fièvre paludéenne qui charge la mortalité de la saison des pluies, n'est pas la seule endémie de la contrée; ensuite en ce que les saisons intermédiaires sont celles qui font le plus varier la mortalité annuelle, suivant que l'époque des pluies et celle de la sécheresse empiètent plus ou moins l'une sur l'autre, en maintenant une constitution médicale indécise où s'associent toutes les influences pernicieuses.

L'état sanitaire de la Cochinchine s'est amélioré dans ces dernières années, comme il arrive pour tout nouvel habitat, lorsque, après les premiers jours de l'occupation d'une contrée tropicale, l'hygiène ou, à son défaut, l'instinct, ont pu y établir un confortable relatif. Les facilités du rapatriement y sont, sans doute, aussi pour quelque chose. Dans la période 1863-1870, les rapatriements pour cause de santé avaient lieu dans la proportion de 15 pour 100 de l'effectif ; ces rapatriés dégageaient d'autant les tableaux de mortalité au détriment des hôpitaux de la métropole ; en y ajoutant 26,40 pour 100 de rapatriés pour continuité de service, et 4.5 pour 100 de décès, un effectif de 100 hommes se trouvait réduit, au bout de l'année, à 54 hommes. Il en résultait un renouvellement incessant de l'effectif, qui, de la sorte, offrait aussi plus de résistance dans son ensemble. et fournissait plus d'hommes valides pour le service, la proportion des invalidés étant, en moyenne, pour un corps de 8.000 hommes, de 460 malades à l'hôpital et 230 exempts de service, soit 86.2 pour 1.000 de l'effectif.

Toutefois, il n'est pas douteux qu'on ait vu l'insalubrité tropicale varier plus ou moins brusquement, sans que l'on puisse assigner de causes à ces variations.

Quelquefois le pays s'est assaini, comme il est arrivé pour la province du Mysore, dans la présidence de Madras, au moins en ce qui concerne le paludisme. La présidence de Madras, qui embrasse toute l'extrémité méridionale de l'Indoustan, représente un plateau central, déprimé et accidenté, entre la double bordure des Ghattes, dont les contreforts, à l'Occident, se perdent pour ainsi dire dans la mer sur la côte de Malabar, tandis que la ceinture côtière que laissent entre elles et le rivage les Ghattes orientales sur la côte de Coromandel n'est qu'imparfaitement drainée par le Krisna et le Godavery. La température de l'année, qui est de 28°7 à Pondichéry, est encore de 27°7 à Madras par 14 de latitude nord ; la température de l'hiver, du printemps et de l'automne sont respectivement : à Madras 25°0 ; 28°3 ; 30°1, 27°4 ; à Pondichéry 26°2 ; 29°0 : 30°4 ; 28°2. Les mois extrêmes sont janvier et juin, présentant : à Madras, les moyennes 24°0 et 31°2 ; à Pondichéry 25°4 et 31°2. La mortalité générale est plus forte en hiver et moindre en été ; elle est accidentée par la succession irrégulière des fièvres paludéennes, du choléra, de la dysenterie, des fièvres continues ; mais tandis qu'au Mysore, les fièvres malariennes n'atteignent qu'un vingt-neuvième de l'effectif des troupes anglaises, elles atteignent dans la province d'Hayderabad, plus septentrionale, le quart de l'effectif. Il n'est pas douteux que ces différences ne tiennent aux conditions hygrométriques du sol, moins humide et mieux drainé dans le Mysore. Comparée dans son ensemble aux présidences du Bombay et du Bengale, en y comprenant les provinces du centre, la présidence de Madras, sur 1,000 fiévreux des trois présidences, en fournit 144 ; celle de Bombay 424 ; celle du Bengale 432. Un simple coup d'œil sur la carte expliquerait ces différences ; car, bien que située plus près de l'équateur, la côte de Coromandel, qui est la partie la plus mal drainée de la présidence, est encore dans de meilleures conditions, sous ce rapport, que le reste du Deccan et le bassin du Gange.

C'est de l'Inde qu'est venue, dit-on, cette fièvre dite *de Bombay* qui a modifié tout à coup, en 1866-1868, la salubrité de l'île Maurice, et plus tard celle de la Réunion. En réalité, cette origine est restée toujours incertaine ; et lorsque j'ai eu (*Archiv. de Méd.*, nov. 1870, t. XIII) à dépouiller le volumineux dossier de l'enquête si bien conduite, d'ailleurs, à Maurice, ce qui me surprenait le plus, dans cette analyse, ce n'était pas l'insalubrité actuelle, mais plutôt la salubrité antérieure.

Souvent cette salubrité antérieure est très problématique. Sur les rivages de la mer des Caraïbes, dans l'Isthme américain, sur le littoral du Pacifique, il n'est pas de localité qui n'y prétende. Il en est de l'insalubrité comme du mauvais temps qu'il fait ; les localités les plus déshéritées vous diront toujours que le mauvais temps qu'il fait est exceptionnel. A entendre les gens de Panama, c'est nous qui leur avons apporté la fièvre jaune. Or, mon confrère et collaborateur le Dr Didier en a trouvé la trace dans les rares documents de la ville de Panama dès l'année 1826 ; « le registre étranger de Panama est ouvert, en cette année 1826, par un décès occasionné par la fièvre jaune ; on retrouve cette mention à chaque page ; » et, de tout temps les Américains ont redouté cette fièvre dite « de Panama », à laquelle on a tant hésité à donner son vrai nom.

Caracas, à son altitude de 674 mètres, protégée quelque peu par la chaîne côtière où elle est située et dont les hautes cimes dépassent 2,200 et 2,800 mètres, passait également pour indemne. De fait, au Mexique, nous admettions que la fièvre jaune ne dépassait pas Cordova, située à 800 mètres, mais le Mexique est situé plus au nord ; le parallèle de 23 degrés passe près de Tampico ; l'immunité de Caraças, située vers 10 et 11 degrés, à peu de distance d'une côte éminemment malsaine, était moins vraisemblable. En effet, Caracas a subi récemment une épidémie de fièvre jaune assez violente, dit-on ; ce n'est sans doute pas la première ; et, pour plusieurs de nos médecins de l'isthme, l'immunité dont elle jouissait est assez douteuse, pour que l'on doive renoncer à l'utiliser comme lieu de convalescence pour les employés du Canal, malgré l'agrément relatif de son séjour.

A la côte d'Afrique, la fièvre jaune passait pour inconnue, il y a une trentaine d'années. Mais une épidémie à laquelle j'ai pris part de toutes les manières, au Congo en 1861, et dans laquelle aucun de nous n'a vu autre chose qu'une fièvre bilieuse grave à symptômes typhiques, m'a toujours laissé des doutes au sujet de la possibilité de distinguer ces deux fièvres dans certaines épidémies. De fait, sans quitter notre zone, nous savons, aujourd'hui, qu'on observait la fièvre jaune dès 1776 à Saint-Louis du Sénégal, vers 15° Nord ; en 1816, 1825, 1826, 1830, 1837, 1845, 1848 à Sierra-Leone (8° N.), où plusieurs la considèrent comme endémique.

A coup sûr, elle peut éclater spontanément sur tout le littoral du Pacifique et de la mer des Caraïbes entre 8 et 12 degrés ; dans le golfe du Mexique, comme sur la côte d'Afrique, il faut toujours compter avec elle, ce qui ne veut pas dire que l'on ne doive pas se garder contre l'importation lorsqu'il est possible, comme dans le Mississipi, d'organiser une quarantaine efficace et intelligente ; en tout cas, elle peut n'être qu'une localisation particulière du paludisme; et, bien que des localisations différentes comportent des médications différentes, la fièvre jaune, à mes yeux, ne peut que très exceptionnellement justifier une contre-indication de la quinine, qui est, à la fois, un neutralisant de l'agent malarien, dans des contrées où tout le monde est plus ou moins impaludisé ; et un restaurateur, chez les impaludisés, de l'innervation languissante.

Sur tout le littoral du golfe du Mexique et de la mer des Caraïbes, aussi bien que sur la rive américaine du Pacifique, la fièvre jaune ne se montre pas en dehors de la saison pluvieuse ; mais à chaque saison pluvieuse on est exposé à voir l'épidémie reparaître. C'est le cas à Véra-Cruz. Mais cette périodicité saisonnière est subordonnée à la régularité des pluies. Si elles surviennent en dehors de l'hivernage, la fièvre jaune peut reparaître avec elles.

Dans le voyage que j'ai fait en Amérique l'hiver dernier, je me suis trouvé absolument désorienté sous les tropiques, à mesure que nous approchions de l'équateur. Au lieu de la saison sur laquelle on est toujours en droit de compter dans cette zone, jusqu'au commencement de mai, au moment où le soleil franchit le 10e degré de latitude Nord, pour gagner notre solstice boréal, entraînant à sa suite l'anneau nébuleux équatorial, — nous avions, dès le mois de février, des pluies continuelles, qui ont transformé l'hiver de 1886 en un véritable hivernage, entraînant une épidémie exceptionnelle eu égard à sa durée et à sa léthalité, aussi bien qu'à l'époque où elle sévissait.

Ce sont, il est vrai, des conditions anormales dans cette zone ; mais nous sommes bien forcés d'en conclure que la fièvre jaune, qu'elle soit ou non la manifestation d'une intoxication paludéenne d'un degré plus élevé, l'effet d'une dose plus considérable du miasme malarien absorbé, — est, dans ces régions, un feu couvant sous la cendre.

Elles prouvent également que les saisons tropicales peuvent, comme les nôtres, n'être pas exclusivement réglées par le déplacement du soleil.

Il est bien vrai que c'est le passage du soleil au zénith, avant et après notre solstice d'été, qui règle les maxima thermiques. On conçoit bien aussi que, dans des localités maritimes ou marécageuses ces maxima thermiques coïncideront avec un état hygrométrique maximum qui sera d'autant plus voisin du point de saturation que l'atmosphère sera plus calme, ou que des vents contraires y concentreront les nuages, les brouillards, ou, d'une manière générale, la vapeur d'eau ; et cette vapeur d'eau est plus ou moins insalubre dans telle ou telle localité, suivant qu'elle provient de la mer ou des localités marécageuses; dans toute la mer des Caraïbes, les vents du sud sont considérés comme les avant-coureurs, sinon comme les véhicules de la fièvre jaune. Enfin, on s'explique aisément aussi que le soleil, entraînant l'anneau nébuleux équatorial (cloud-ring), c'est le passage au zénith de cet anneau qui détermine surtout les maxima de pluies : l'un après le passage, au zénith, du soleil en traînant après lui l'anneau nuageux ; l'autre avant son retour au zénith, où cet anneau nuageux le devance.

Mais, d'une part, l'épaisseur comme l'étendue de la ceinture nuageuse dépend de l'intensité des alizés du nord et du sud qui la concentrent dans les regions équatoriales, comme sa situation par rapport à l'équateur dépend de l'intensité relative des vents alizés dans chaque hémisphère. C'est à l'intensité toujours prédominante de l'alizé du sud que le *Cloud-Ring* doit de s'avancer dans l'hémisphère nord plus avant que dans l'hémisphère sud. Et, comme cette intensité est variable, pour chaque alizé, d'une année à l'autre, il en résulte que l'étendue de l'anneau moyen variera suivant l'année; et avec elle la durée, comme l'abondance des pluies.

D'autre part, l'abondance des pluies hivernales dépend surtout de l'état hygrométrique de l'air aux époques de maxima thermiques ; plus l'état hygrométrique sera voisin du point de saturation, plus seront sensibles les variations nycthémérales et la précipitation de la vapeur d'eau ; si bien que les journées pluvieuses, dans ces conditions, seront non pas les journées nuageuses, mais surtout les journées chaudes.

Or cet état hygrométrique dépend tour à tour de l'état du ciel, de l'intensité et de la direction du vent, de la position du soleil, du régime des eaux et, par suite, il est influencé indirectement par le régime des vents dans les régions extra-tropicales et par l'orographie de la contrée et même des contrées voisines, sans parler des conditions astronomique anormales, telles par exemple que le passage d'essaims de météorides entre le soleil et nous.

Sur la portion asiatique de notre zone, les constitutions médicales, toujours réglées sur la périodicité saisonnière, sont bien plus variées qu'ailleurs. Et, d'abord, le passage de la saison sèche à la saison pluvieuse, y marque deux saisons intermédiaires qui ont leur importance, tandis qu'elles passent inaperçues dans les autres parties de la zone. Il est vrai, qu'à mesure que l'on s'éloigne de l'équateur, on observe partout une saison intermédiaire qui divise en deux l'hivernage et l'interrompt par un répit de sécheresse relative d'autant plus court que l'on s'éloigne de l'équateur ou que l'on se rapproche du tropique. Cela résulte de ce que le cloud-ring ne quitte, pour ainsi dire, pas le zénith des localités voisines du tropique, pendant le temps que le soleil met à franchir le solstice. Mais cette petite saison sèche n'a aucun rapport avec nos saisons intermédiaires du Deccan, de la Birmanie, ou de l'Indo-Chine, où la petite saison sèche passe plus ou moins inaperçue, suivant la latitude. Dans notre zone asiatique, les intempéries jouent dans la constitution médicale saisonnière, un rôle plus important que partout ailleurs sous les tropiques. En Cochinchine, la mousson du nord-est qui souffle pendant la saison sèche et la mousson du sud-ouest qui souffle pendant la saison pluvieuse s'établissent tour à tour plus ou moins franchement ; l'époque où la saison sèche fait place à la saison humide et qui correspond à nos mois de printemps est particulièrement pénible, en ce que les conditions météorologiques indécises, les orages, les intempéries trouvent l'organisme énervé déjà par la chaleur sèche et plus particulièrement impressionnable aux influences nouvelles quelles qu'elles soient ; tous les changements de mousson s'annoncent, d'ailleurs, par des orages et des pluies torrentielles, qui commencent ordinairement en avril, et souvent en mars, et peuvent se prolonger jusqu'en décembre; « mais la véritable saison pluvieuse, à Saïgon, ne commence qu'en juin,.... et il n'y a d'obligatoirement pluvieux que les quatre mois de juin, juillet, août et septembre ; ce dernier l'est ordinairement plus que tous les autres, parce que c'est le moment où tous les nuages apportés par le vent de S.-O. sont abattus par le N.-E. » (d'Ormay). En tout cas, la prolongation de la saison pluvieuse ne modifie pas l'état de choses antérieur, tandis que son début détermine dans le climat une véritable perturbation.

III

Les *fièvres paludéennes*, qui dominent sur toute la zone, sont des maladies de la saison pluvieuse, ou — pour parler d'une manière plus générale et plus correcte — des époques pluvieuses ; mais, en réalité, elles sévissent pendant toute l'année, proportionnellement à l'aire marécageuse humide échauffée par le soleil, et n'épargnent aucune race indigène ou exotique.

En Cochinchine, la fièvre atteint les Annamites aussi bien que les Européens, revêtant plutôt, chez les premiers, la forme tierce, qui est le type commun à tous les pays de marais, tandis que, chez les seconds, le type est plutôt quotidien. Les Arabes y sont exposés aussi bien que les Européens, puis viennent les Chinois et les Tagals de Manille. Tous, d'ailleurs, reconnaissent la vertu du sulfate de quinine, le seul de nos médicaments qui soit accepté des indigènes. (D'Ormay.)

De même, dans l'Isthme américain, les noirs des Antilles et de la côte ferme sont, comme nous, sujets à la fièvre, bien que la saison pluvieuse soit moins mauvaise pour eux que la saison sèche, qui leur apporte des pneumonies et la dysenterie.

C'est une question encore à l'étude que celle de la résistance relative des différentes races du globe sous les tropiques.

En Cochinchine, il semble, d'après les tableaux de M. d'Ormay, que les indigènes se portent mieux et jouissent d'une résistance morbide de beaucoup supérieure. Tandis que les troupes d'infanterie de marine (officiers non compris), fournissent à l'hôpital un effectif moyen journalier de 82.2 pour 1000 de l'effectif moyen au corps, les troupes du bataillon indigène (officiers non compris) n'ont qu'un effectif moyen journalier à l'hôpital de 19.8 pour 1000 d'effectif moyen au corps.

A la Nouvelle-Orléans, située hors de la zone, par 30 degrés de latitude nord, mais jouissant d'une température plutôt tropicale, la mortalité des gens de couleur est de 32 pour 1000, tandis que celle des blancs n'est que de 22 pour 1000.

Il est vrai qu'au Mexique, dans les Terres-Chaudes, les Egyptiens et les noirs des Antilles résistaient mieux que nous; mais dans l'Isthme américain, les noirs des Antilles, comme ceux de la côte ferme, et surtout les *cholos*, métis de Colombiens et de blancs, résistent moins ; et il en serait de même, dit-on, des Chinois.

Au Sénégal, les noirs, qui fournissent trois fois moins d'entrées à l'hôpital que les Européens, y séjournent cinq fois plus ; et, tandis que la mortalité des Européens y est de 119 pour 1000 d'effectif à l'hôpital, celle des noirs est de 132.8. L'Arabe y meurt encore plus : 176.4, pour 1000 (Berger). Stanley préférait les noirs aux Arabes pour le labeur exceptionnel de son entreprise.

La question présente un grand intérêt aujourd'hui, non plus seulement au point de vue militaire, mais au point de vue de la colonisation industrielle et commerciale; car la civilisation européenne tend, plus que jamais, à forcer de toutes parts la barrière des tropiques ; les rails des chemins de fer y pénètrent partout dans la steppe, dans le marais, dans la forêt vierge, poussés par des mains européennes ; l'agriculture y suit timidement l'industrie ; et, de toutes parts, aussi, le travail a une tendance marquée à se mettre sous la protection de l'hygiène. Cette protection lui est nécessaire ; si la race blanche est la seule qui ait, à proprement parler, le génie colonial » (Bordier : *La Colonisation scientifique*), c'est que cette race aussi intelligente que la race jaune est moins routinière. De nos jours une science nouvelle surgit et s'impose : l'*économie sanitaire* ; et, bien que j'aie blâmé autrefois, au point de vue des mesures de police sanitaire, l'assimilation de l'homme à une machine et l'oubli du respect que réclament nos sentiments sociaux, je reconnais sans peine que la vie humaine sera protégée avec d'autant plus de sollicitude que l'on aura mieux compris la valeur du capital qu'elle représente.

Malgré son impressionnabilité particulière au paludisme, il semble établi déjà que la race blanche occupe le premier rang parmi les races humaines au point de vue du cosmopolitisme; et que sa résistance aux différents climats est d'autant plus grande que l'individu dépaysé provient d'une région plus rapprochée du Nord de la zone tempérée où, de fait, la lutte pour l'indigénisation primordiale a été le plus rude chez les ancêtres. Du moins, c'est celle qui supporte le mieux la fatigue sous toutes les latitudes ; et elle le doit, sans doute, à un stoïcisme plus raisonné ; j'ai la conviction que l'adaptation au climat est en raison de l'application intelligente et résolue des pratiques de l'hygiène, toutes les fois, du moins, que le milieu n'est pas infecté de ces surcharges des virus épidémiques qui ne trouvent plus d'organismes réfractaires ; et là encore l'hygiène est une sauvegarde incontestable.

A côté des fièvres, d'autres maladies sporadiques, endémiques, épidémiques, tiennent une place dont l'importance varie suivant la contrée, à latitude égale; quand une épidémie apparaît, elle domine la scène, et relègue au second plan toute autre affection, imprimant plus ou moins à toutes le cachet qui la distingue, mais nulle part ailleurs on ne voit mieux qu'ici cette influence réciproque des endémo-épidémies, les unes sur les autres.

Et, d'abord, il en est qui, originaires ou non de la zone, y sont actuellement cantonnées et en émigrent périodiquement pour infecter le voisinage et souvent rayonner au loin, avec plus ou moins de lenteur ou de rapidité.

D'autres, au contraire, y sont venues d'ailleurs et s'y acclimatent avec plus ou moins de peine.

Il en est, enfin, qui, communes à toutes les zones et même à tous les pays de forte chaleur, et d'humidité marécageuse, varient de fréquence et de gravité suivant la région, mais ont une prédilection marquée pour les tropiques.

Parmi les premières, la *fièvre jaune* semble avoir son foyer dans l'Isthme américain ; et peut-être à Sierra-Léone, avec cette différence qu'elle est plutôt accidentelle dans cette portion africaine de la zone, et que son exportation demeure toujours douteuse, tandis que l'Isthme américain semble bien réellement sa patrie, tout au moins adoptive et que son exportation périodique est prévue dans tous les codes sanitaires du voisinage. Les mesures quarantainaires de la Louisiane édictées en vue de préserver la Nouvelle-Orléans, sont appliquées dans le Mississipi avec une régularité périodique ; et je n'en connais pas de plus radicales et de plus intelligentes, à la fois.

La *filaire*, dans le Soudan ; le *tœnia* en Abyssinie ne sont pas spéciaux à notre zone, mais y sévissent à l'état de fléau.

La côte de Coromandel est véritablement la patrie du *béribéri*, sorte d'hydropisie anesthésique de nature incertaine, mais d'allure épidémique qui, de l'Indoustan, a rayonné au loin et dont j'ai observé un cas, il y a peu d'années, à Paris même. (*Communication* à la Société médico-pratique de Paris. — *Journal de médecine de Paris* 1884.) En 1828, la mortalité par le béribéri représentait un dixième des malades à Madras où l'épidémie a ensuite sommeillé de longues années, puisque de 1859 à 1873, il n'était fait mention que d'un seul cas dans cette localité (Dr Mahé).

C'est également à Cochin, au Sud de la péninsule hindoue, qu'a d'abord été observée la dermatose tuberculeuse à évolution phagédénique désignée sous le nom de *pied de Madura* ou *de Cochin*; et la *lèpre* est plus commune dans la présidence de Madras que dans toute l'Inde : on y compte un lépreux sur 5 habitants.

Le berceau du *choléra* n'est pas loin, sans doute. Dès 1774 on le signalait à Madras ; et dès 1768 à Pondichéry ; mais il l'avait été dès 1629 à Batavia et dès 1563 à Goa. Ces dates seules suffisent pour reléguer au rang des chimères l'espérance de jamais connaître sa véritable origine.

Parlerai-je de *la fièvre des bois*, sorte de rémittente bilieuse du Laos, qui apparaît avec les caractères paludéens dans des régions montagneuses, boisées, il est vrai, et feuillues, mais drainées par des torrents ; et de la *dengue* ou *fièvre rouge*, observée, dès 1780, sur la côte de Coromandel, fièvre courbaturale, accidentée de poussées scarlatiniformes de la peau, buboniques dans les régions riches en ganglions ; distincte d'ailleurs, de la peste et de la scarlatine ; d'une durée longue et prolongée par de fréquentes rechutes; dont la faible léthalité : 0.45 décès sur 1000 cas, contraste avec l'extrême contagiosité, puisqu'elle épargne à peine 4 personnes sur 10 habitants, dans les localités où elle éclate ? On l'a observée dans l'Afrique méditerranéenne, sur la côte de Mozambique, à Madagascar, au Brésil, au Pérou, à New-York, aux Antilles, comme en Sénégambie, dans l'Indoustan et dans l'Indo-Chine ; il est étrange que, sévissant sur tout le littoral du Golfe du Mexique, elle ait épargné, jusqu'à ce jour, l'Isthme américain, la Colombie et le Vénézuéla.

Dans quelle mesure la *fièvre typhoïde* peut-elle compliquer les maladies paludéennes ? Comment se comporte le poison typhique vis-à-vis du poison malarien ? La fièvre typhoïde classique d'Europe existe-t-elle réellement dans les contrées tropicales ?

Dans l'Isthme américain, des phénomènes typhiques apparaissent fréquemment dans le cours des fièvres paludéennes du type des rémittentes bilieuses ; j'ai vu la même complication au Congo ; certains de nos médecins de l'Isthme désignent ces formes sous le nom de *typho-malarie*, que je vois figurer dans une statistique de la Nouvelle-Orléans, pour 1884 — que j'ai sous les yeux — dans une proportion de 25 décès, contre 3 de « *typhus fever* » et 35 de « *typhoid or enteric fever* », 28 de « *remittent fever* », 1 de « *Simple continued fever* », sur un total de 7,150 décès observés dans l'année. La *typhomalarie* s'y distingue donc des autres formes, y compris la dothiénentérie. Je n'ai pas personnellement de données suffisantes pour prendre part dans un débat toujours pendant ; je me souviens d'une localité des Antilles où j'ai vu donner comme signe pathognomonique l'existence des sudamina et je ne puis me défendre d'un certain scepticisme en ce qui concerne la portion américaine de notre zone. A mesure qu'on s'éloigne de l'équateur, les probabilités deviennent plus grandes; cependant, la fièvre typhoïde de la Vera-Cruz ne serait, suivant Bouffier, qu'un « typhus sans exanthème ». Il ne s'agit, il est vrai, que des Terres-Chaudes du Mexique ; et, sous ces latitudes, à tous les bas-niveaux, la fièvre typhoïde, même modifiée, n'est jamais qu'un accident.

A la côte d'Afrique, son existence paraît bien établie ; toutefois, dans les épidémies dont j'ai été témoin, l'état typhoïde n'a toujours été qu'un symptôme.

Dans l'Inde, il n'en est pas de même ; toutefois, je crois avoir établi que la fièvre dite « de Bombay » telle qu'elle s'est montrée aux observateurs de l'île Maurice, « véritable rémittente », suivant les uns ; « typhoïde bilieuse », suivant les autres, n'a pas les caractères de la fièvre typhoïde. A Bombay, comme à Maurice la fièvre de « Bombay » est une fièvre adynamique à type remittent ou pseudo-continu, ordinairement accompagnée d'ictère, souvent très grave, récidivant quelquefois, suivie d'une convalescence qui rappelle, il est vrai, celle de la fièvre typhoïde, mais sévissant particulièrement parmi les indigènes, et résistant ou non à la quinine pendant qu'elle se rapproche plus ou moins du type continu.

Cela ne préjuge en rien l'existence d'une typhoïde vraie dans l'Indoustan, elle n'est pas douteuse en Cochinchine ; Thorel en a fait l'objet d'une thèse inaugurale souvent citée ; et d'Ormay a toujours vu, dit-il, que le masque typhoïde, chez des malades présentant le pouls onduleux, les sudamina, la somnolence, attestait la coexistence de l'exanthème intestinal, évident et constant à l'autopsie, en particulier dans une épidémie qui sévit dans l'année 1870, importée peut-être de Toulon où elle régnait dans les casernes, parmi les jeunes soldats qui la transportaient sur la *Creuse* et l'*Aveyron*.

L'*hépatite* est une maladie des tropiques. Dans l'Isthme américain elle est relativement rare, mais elle s'élève jusqu'aux altitudes de 1,000 mètres dans le Nicaragua et le Costa-Rica, et semble toujours indépendante de la malaria, mais influencée par les intempéries dans les localités chaudes, et toujours sporadique, bien qu'elle complique trop souvent la dysenterie.

La forme de l'hépatite, dans l'Isthme américain, est plutôt la congestion active conduisant très rapidement à l'inflammation suppurative et à l'abcès du foie : mais la congestion lente, l'hépatite silencieuse, n'y est pas inconnue.

En Afrique, elle augmente de fréquence à mesure que l'on se rapproche de l'équateur, mais il semble encore que l'acuité de l'affection est en proportion de l'écart nycthéméral.

Dans l'Inde anglaise, c'est la présidence de Madras qui fournit le plus d'hépatites, plus rares, mais plus meurtrières, chez les indigènes du moins en ce qui concerne l'hépatite aiguë.

En Cochinchine, d'Ormay signale une sorte d'antagonisme entre l'hépatite et la dysenterie. « Il y a, dit-il, une sorte de balancement établi entre les maladies du foie et les dysenteries... et une sorte de révulsion réciproque de la fluxion de l'un sur l'autre viscère : dans toutes les autopsies que nous avons faites pendant l'épidémie (année 1867), nous n'avons pas trouvé un seul abcès du foie, tandis qu'à partir du 25 avril (époque de son déclin) on rencontrait chaque jour des hépatites aiguës dans le service et des abcès hépatiques dans le foie des dysentériques décédés. » On sait qu'en effet, tout en provoquant l'inflammation du foie par voisinage, la dysenterie, comme la diarrhée chronique des pays chauds, déterminent l'atrophie du foie, quand l'inflammation s'est maintenue dans des limites d'acuité modérée.

Le traitement opposé par d'Ormay aux hépatites de 1866, qui furent particulièrement fréquentes, « avait pour base des pilules fondantes (calomel, 2 grammes ; aloès 3 grammes, savon 6 grammes pour 40 pilules), de manière à obtenir trois selles par jour. Ordinairement l'on commençait par 12 pilules et l'on continuait par 8, 6 ou 4 suivant l'action. Chaque soir, le malade prenait 60 centigrammes de sulfate de quinine. Après 8 ou 10 jours de ce traitement, et quelques vésicatoires sur l'hypochondre droit, il était ordinairement en état de prendre l'eau de Vichy qui était, surtout à la fin de l'année, le remède souverain. Après deux jours de repos ou d'une légère purgation sans calomel, avec sirop de rhubarbe, manne ou aloès, quand la fièvre ou la douleur avaient entièrement disparu, l'on tâtait la susceptibilité du malade avec un verre d'eau de Vichy. Si les douleurs reparaissaient au foie ou à l'épaule, on suspendait pour revenir aux purgatifs ; si non, l'on augmentait un peu la dose jusqu'à deux bouteilles par jour ; le succès était habituellement rapide et complet. Les meilleures conditions pour le succès étaient celles dans lesquelles l'eau de Vichy, après avoir purgé légèrement, constipait un peu ; tout le traitement se réduisait alors à une ou deux bouteilles d'eau de Vichy et un verre de vin de quinquina. D'Ormay jugeait dangereux, en Cochinchine, le traitement rasorien de Bérenguier, dont il ne contestait pas l'efficacité.

La *dysenterie*, généralement légère ou du moins facilement curable sur le littoral américain du golfe du Mexique et de la mer des Caraïbes, hors le cas d'épidémie relativement rare et accidentel, est peut-être le fléau le plus redoutable de toute la côte d'Afrique, où elle frapperait, en Guinée, 504 hommes sur 1000 et en tuerait 41.5, d'après Mac Culloch, sévissant plus encore peut-être sur les nègres que sur les Européens.

C'est la grande endémie des Indes ; et elle afflige l'Indoustan, à l'égal de l'Indo-Chine, plus fréquente chez les Européens, plus grave chez les Cipayes. Sur 1000 dysentériques de la garnison des Indes anglaise, Annesley comptait : pour la division du nord, 120 ; pour celle du centre, 381 ; pour celle de Madras, 472 ; pour celle du sud, 339 ; dans le Mysore, 220 ; à Travancore, 160 ; à Hyderabad, 360.

En Cochinchine, elle sévit en toute saison, plus grave, en mai, à la fin de la saison sèche ; les fièvres intermittentes sont plus fréquentes pendant la saison des pluies ; l'état bilieux se manifeste avec l'apparition des chaleurs, dont l'hépatite est aussi une conséquence ; le choléra n'apparaît guère avant la fin de janvier ; il marche en progressant jusqu'à la fin de mai ; il commence et finit avec les chaleurs sèches ; il accompagne les troupes en expédition et reconnaît pour causes occasionnelles, dans ces circonstances, toutes celles qui provoquent la diarrhée, telles que l'ingestion immodérée des eaux d'ailleurs suspectes des marécages.

Mais quelle que soit la maladie prédominante, elle sévit toujours en raison inverse du confortable de l'habitation, et en raison directe des fatigues auxquelles les hommes sont soumis, suivant le corps auquel ils appartiennent et aussi suivant l'ancienneté de leur séjour dans la colonie, ce qui prouve que, dans ces contrées, l'acclimatement n'est d'ordinaire qu'une apparence et que la résistance va toujours en s'épuisant chez la plupart des résidents. De toutes ces troupes, ce sont les marins qui paient le plus lourd tribut, parce que leur service est plus pénible et que, pour eux, comme le dit d'Ormay, « c'est toujours l'expédition » qui est le service normal.

« Les dysenteries et les diarrhées dégénèrent souvent en cholérine ou en choléra », qui ne serait pas, comme beaucoup le pensent, une entité morbide se constituant de toutes pièces ; mais dont le génie épidémique n'est cependant pas méconnaissable, en ce que, en dehors de toute importation, on le voit éclater tout à coup sur toute une région, « comme un orage accumulé, » dans les saisons anormales où l'incubation de l'épidémie a été lente : par exemple, lorsqu'une excessive sécheresse et la chaleur énervante qui l'accompagne sont suivies de pluies modérées, irrégulières et surtout intermittentes. C'est alors que s'observe mieux le passage des dysenteries prédominantes dans la saison sèche, au choléra, qui prédomine à son tour, et qui est tellement *dans l'air* « que même ceux qui ne sont pas malades se ressentent de son influence ». Particularité remarquable, l'année 1866 n'a donné que 6 cas de choléra, tout à fait sporadique, dont 4 décès, pendant que l'épidémie « voyageait et sévissait vigoureusement en France ; serait-ce que le choléra ne peut pas régner en même temps aux deux bouts du monde, et que les causes qui l'appelaient là-bas manquaient ici ? » Cette année 1866 fut une année plutôt humide, moins chaude que les précédentes, où le choléra s'était montré avec plus ou moins d'intensité ; et plus uniformément pluvieuse.

Au reste, il peut paraître assez difficile, dans une contrée pareille, de reconnaître à quel moment l'endémie devient épidémie. Ce fut le cas pour l'épidémie dysentérique de 1867. En Cochinchine, d'ailleurs, le diagnostic de la dysenterie présente une difficulté spéciale à cause du caractère particulièrement grave des diarrhées.

Dans l'article récent du *Dictionnaire encyclopédique*, mon savant ami Mahé a renouvelé un aveu qu'il avait déjà fait, au sujet de la difficulté de distinguer les deux affections arrivées à un certain degré d'évolution : « Nous déclarons avec franchise, dit-il, qu'il nous est arrivé bien souvent de réunir un ensemble de probabilités imposant en faveur de l'une ou de l'autre des deux maladies sur le vivant, alors que les résultats de l'autopsie venaient donner un démenti formel au diagnostic clinique le plus rationnel. »

Et cependant aucun médecin de la marine n'hésite, je pense, à voir dans la diarrhée de Cochinchine une maladie spéciale distincte de la dysenterie épidémique ou sporadique ; et la plupart se refusent à croire que *l'anguillule stercorale* en soit la cause. Malgré les allures parasitaires de cette diarrhée, malgré la constatation réelle du nématoïde dans l'intestin, ou dans les selles, on s'accorde assez à ne voir en lui, suivant l'expression de Mahé, qu'un simple « maraudeur du tube digestif » où, du reste, on ne le trouve qu'exceptionnellement, même en Cochinchine.

On sait que cette diarrhée apparaît sous la forme d'un flux séreux muqueux ou séro-muqueux, indolore, sauf quelques épreintes accidentelles, torpide et d'allure chronique presque dès son origine ; quoique l'intensité de la diarrhée soit médiocre, elle épuise par sa continuité et « amène un état d'anémie plus ou moins prononcé, de l'amaigrissement et finalement la déchéance complète de l'organisme, sorte de phthisie des intestins et d'atrophie de tous les organes de l'abdomen, principalement du foie et de la rate, sorte de plaie permanente avec ou sans ulcérations visibles à l'œil nu, d'où résulte une sclérose spéciale ... de la muqueuse » (Mahé).

D'Ormay distingue : 1° la « diarrhée ou dévoiement naturel de l'anémie », simple dyspepsie intestinale atomique cédant au quinquina et au fer avec un peu d'opium ;

2° La « diarrhée ou dévoiement bilieux », accidentelle, comme la précédente, plutôt utile que nuisible, cédant aux antispasmodiques et aux opiacés, si l'on désobstrue en même temps les voies biliaires parfois engorgées.

3° La « diarrhée graisseuse » qui guérit si l'on supprime les graisses dans le régime.

4° La « diarrhée à selles décolorées » qui tient à une rétention biliaire et cède aux pilules de Segond.

5° Enfin la « diarrhée chronique », qu'il ne considère pas comme une maladie essentielle.

Sans vouloir me prononcer sur les diarrhées de Cochinchine, je sais, à n'en pas douter, que l'élément étiologique capital dans les diarrhées des pays chauds, et, en général, dans les diarrhées des journées chaudes, c'est le froid au ventre. Il y aurait une grande importance à faire ressortir cette causalité, qui réduirait le traitement de ces affections à l'hygiène préventive.

Je n'ai jamais, pour ma part, manqué une occasion de mettre ce fait en lumière : on prévient la dysenterie en protégeant le ventre. « Nous sommes intimement convaincu, dit M. Léon Colin, que c'est grâce à la distribution faite aux soldats de ceintures de flanelle qu'est due, pour une large part, la diminution de fréquence et de gravité de la dysenterie dans l'armée française d'Algérie » (art. *Dysenterie* du *Dict. encycl.*). Sur les navires d'émigrants africains, je faisais boutonner les capotes et recoudre les boutons, détail qui ne manque pas d'importance ; dans l'Isthme, nous faisons distribuer à nos noirs des ceintures de flanelle, d'une belle couleur voyante, qui flatte leur coquetterie puérile ; mais je regrette que nous n'ayons pas à notre disposition, pour les obliger à les porter, les moyens coercitifs que nous appliquions aux esclaves africains. L'hygiène doit se plier aux circonstances ; et peut-être ne saurait-on payer trop cher les avantages de la liberté.....

Due au froid, la dysenterie réclame néanmoins une constitution médicale particulière qui atteint son summum en Cochinchine, de mai en septembre ; l'épidémie se reconnaît alors moins à la multiplicité des cas et à la gravité de la maladie qu'à sa généralisation et à l'accaparement qu'elle exerce, si l'on peut dire, sur toute la pathologie, imprimant son caractère profondément adynamique à toutes les maladies de l'appareil digestif et dominant les fièvres elles-mêmes. Celle de 1867 dura du 1er juin au 15 avril, époque où les fièvres algides, cholériques, ataxiques et remittentes reprenaient sérieusement le dessus.

Au lieu qu'à Brest la mortalité de dysenterie, en 1867, n'était que de 5 p. 100, à Saïgon elle dépasse 39 p. 100.

Les causes qui l'occasionnèrent se dérobent là, comme ailleurs ; l'énervement dû à une chaleur excessive y entrait bien pour quelque chose ; mais elle s'était préparée de longue main et l'impressionnabilité reconnue des malades aux influences météorologiques pendant l'épidémie coïncidait avec un état bilieux déjà très manifeste avant son apparition ; et la maladie débutait par une hypertrophie du foie qui était tellement générale à cette époque que l'on « pouvait la regarder comme presque physiologique ». L'adynamie s'y manifestait également par les fièvres typhoïdes qui régnaient simultanément et par les allures typhoïdes de la dysenterie elle-même. Au reste, cette dysenterie épidémique n'avait pas les caractères habituels de la dysenterie de Cochinchine ; par exemple, les coliques précédaient le ténesme et la rectite, comme dans la dysenterie aiguë classique, tandis qu'en Cochinchine, « c'est habituellement par le ténesme et la rectite que la dysenterie commence pour remonter de l'anus vers le côlon ».

IV.

Je voudrais tirer quelques conclusions pratiques de cette longue étude.

Nous n'en avions pas besoin pour savoir que les constitutions médicales ne se règlent pas exclusivement sur les isothermes, sur la latitude, ni sur l'altitude; et que l'humidité du sol est le facteur principal de l'insalubrité sous les tropiques.

Mais nous voyons que, même dans ces climats, les intempéries aggravent l'insalubrité, avec cette particularité que là, plus qu'ailleurs, l'hygiène fournit aisément, dans l'habitation et dans le vêtement, les moyens de s'en garantir. Partout, elle diminuera, à l'abri d'une habitation confortable, méthodiquement et non follement ventilée, et de vêtements légers, si l'on veut, mais véritablement protecteurs dont tout le monde tient, au contraire, à s'affranchir.

Le drainage qui régularise l'inondation, lorsqu'il ne réussit pas à la prévenir, est une mesure d'hygiène générale, d'un effet toujours sûr et d'une grande portée dans les débuts d'un établissement de colonisation; s'il n'est pas applicable à tout un continent tropical, il l'est bien plus qu'on ne le croit à telle ou telle localité paludéenne, même sous les tropiques. Le miasme paludéen se développe généralement sur place, mille obstacles s'opposent à son déplacement dans les pays de forêts; les marais à craindre sont le plus souvent situés dans le voisinage; du moins ne faut-il pas, dans les travaux de terrassement, en créer d'artificiels; et la circulation des eaux de pluie doit toujours être assurée dans les prévisions des ingénieurs.

Tout le monde reconnaît le danger des bouleversements du sol dans les travaux de terrassement; ce danger diminue à mesure que s'approfondit la tranchée; mais si j'ai abandonné, à Panama, mon idée première de projection de solutions parasiticides au sublimé sur le tracé des excavateurs ou des dragues (*Bulletin de l'Académie de médecine*, 1886), je les crois au contraire, applicables et utiles dans le défrichement plus modeste de la colonisation ordinaire, au début ou à la reprise des travaux de terrassement.

La culture, dans ces régions a deux avantages: celui de fournir à l'alimentation des adjuvants précieux. Il est fâcheux que l'eucalyptus n'y réussisse pas; il y pousse grêle et sans feuilles, au moins dans les tentatives dont j'ai été témoin. La connaissance de ses propriétés ouvre un champ à des études nouvelles, qui peuvent être fécondes, au point de vue des cultures d'assainissement. J'ai commencé des recherches dans ce sens.

Il n'est pas douteux aussi que l'eau potable joue un grand rôle dans l'insalubrité tropicale; et c'est un facteur qu'il est très facile aujourd'hui d'éliminer, ainsi que j'espère le démontrer prochainement.

D'autre part, l'expérience a déjà montré partout combien il est indispensable de répartir sagement les heures de repos et les heures de travail; j'ai dit qu'il faut savoir capituler avec le climat tropical: (*Guide.... du voyageur dans l'Afrique centrale*); nulle part ce conseil n'est plus utile, nulle part le repos intelligemment réparti n'est plus nécessaire que dans la zone dont il s'agit et dans l'Isthme américain en particulier, ou, plus encore qu'en Cochinchine, l'énervement atteint des proportions maladives et où les excès en tout genre sont mortels.

L'hydrothérapie que nous avons installée dans nos campements sur une très large échelle, puisque chaque ménage y a déjà son appareil de douches, nous rend de grands services contre les conséquences de cet énervement.

Enfin, il faut se dire que chacune des conquêtes de l'hygiène, dans ces contrées surtout, abaisse d'autant la mortalité générale et savoir se contenter de cet encouragement.

Clermont-Oise. — Imprimerie DAIX frères, 3, place St-André.

70

Principales publications scientifiques de l'auteur

De la maladie du sommeil. — *Gazette hebdomadaire de médecine et de chirurgie*, 1861.

Des cicatrices du tatouage chez les nègres. — *Archives de méd. navale*, 1869.

Empoisonnement par le laudanum chez un enfant de trois semaines. — Emploi de la respiration artificielle par la manœuvre des bras. Guérison. — Avec M. Demouy : *Communication* à la Société de médecine pratique. — *France médicale*, 1880.

De la fatigue. — *Communication* à la Société de médecine pratique. — *Journal de médecine de Paris*, 1883.

Sur les analogies et les différences qui existent entre la maladie du sommeil et le *nelavan*. — *Communication* à l'Académie des sciences, en réponse à une note du docteur Talmy. — *Comptes rendus*, 1880, 1er semestre.

Nelavan et Sommose. — *Revue médicale*, 1880.

Le scorbut de l'expédition anglaise au pôle nord. — *Gazette hebdomadaire*, 1877.

Un cas d'asthme infantile. — *Communication* à la Société médico-pratique. — *Journal de thérapeutique*, 1876.

Le béribéri au Japon. — *Journal d'hygiène*, 1882.

Note sur un cas de béribéri observé a paris. — *Communication* à la Société médico pratique — *Journal de médecine de Paris*, 1884.

Les flèches empoisonnées. — *Journal d'hygiène*, 1884.

La lèpre en 1885. — *Journal d'hygiène*, 1885.

La Bourboule. — *Guide aux eaux minérales*, de Macé, 1879.

La Bourboule actuelle. — In-18, 1881.

Les eaux de la Bourboule (mode d'application, indications et contre-indications). — *Communication* à la Société médicale du VIIIe arrondissement. — *Journal de thérapeutique*, 1883.

Des causes de l'infection palustre a Pola (Istrie). — *Archives de médecine navale*, 1869.

L'épidémie de Maurice (1866-1868). — *Archives de médecine navale*, 1870.

Enquête sur la fièvre jaune de Cuba. — *Journal d'hygiène*, 1880.

Les morphinisés du Michigan. — *Journal d'hygiène*, 1880.

L'hygiène dans l'Isthme de Panama. — *Communication* à l'Académie de médecine. — *Bulletin de l'Académie*, mai 1886.

Accidents d'empoisonnement par des conserves de bœuf altérées. — *Archives de médecine navale*, 1867.

De la désinfection par les absorbants. — *Archives de médecine navale*, 1869.

Les progrès de l'hygiène. — *Rapports sur l'Exposition de* 1878. Lacroix, 1878-79.

Guide hygiénique et médical du voyageur dans l'Afrique centrale. — *En collaboration avec* Lacaze et Signol. 2e édition in-18. Publié par la Société de médecine pratique, 1885.

Migrations hygiéniques. — *Journal d'hygiène*, 1879.

L'enseignement et la santé. — *Journal d'hygiène*, 1883.

Le brouillard. — *Journal d'hygiene*, avril et décembre 1881.

Le Foehn au Groenland. — *Journal d'hygiène*, 1883.

Les rapports de la géologie avec l'hygiène. — *Journal d'hygiène*, 1883.

Les oasis du Sahara. — *Journal d'hygiène*, 1884.

Sur la transformation des tourbillons aériens dans les tempêtes. — *Communication* à l'Académie des sciences. — *Comptes rendus*, 1885, 2e semestre.

Considérations sur la coordination des mouvements d'ensemble. — *Thèses de Paris*, 1872.

L'Attitude de l'homme au point de vue de l'équilibre, du travail et de l'expression. — In-8°, 1882.

La valeur sémiotique de l'écriture. — *Gazette des hôpitaux*, 1878.

L'Automatisme dans les actes volontaires. — *Communication* à la Société d'anthropologie. — *Mémoires de la Société*, 1885.

Notice sur les Fuégiens. — *Communication* à la Société d'anthropologie. *Bulletins*, 1881.

Vocabulaire de la langue *fiote* (dialectes de Loango, Cabinda et Bas-Congo). — *Archives du ministère de la marine*, 1861.

Sur la langue *vei* et la race *kruman*. — *Bulletins de la Société d'anthropologie de Paris*, 1877.

Le Syllabaire *vei*. — *La Nature*, 1882.

Du service médical dans les débarquements d'équipage de la flotte. — *Archives de médecine navale*, 1865.

Du régime des matelots. — *Archives de médecine navale*, 1869-1870.

Publications sur l'organisation de la médecine navale, 1864. — 1871. — 1883.

L'eau potable dans les chantiers de Panama. — *Communication* à l'Académie de médecine, 5 avril 1884.

Chroniques scientifiques et médicales de la *Liberté*, 1873-1885.

www.ingramcontent.com/pod-product-compliance
Ingram Content Group UK Ltd.
Pitfield, Milton Keynes, MK11 3LW, UK
UKHW020439220726
13923UKWH00005B/2211

9 782019 999773